JN112309

小学 **5・6**年

分野別 算数ドリル

⑥

割合・比

清風堂書店

本シリーズの特色&使い方

　小学校で習う算数には、いろいろな分野があります。

　計算の分野なら、たし算・ひき算・かけ算・わり算などの四則計算があり、4年生ぐらいで一通り学習します。これらの基礎をもとにして小数の四則計算、分数の四則計算などが要求されます。

　図形の分野なら、三角形、四角形の定義からはじめ、正方形、長方形の性質、面積の計算、さらに平行四辺形の面積や三角形、台形、ひし形の面積、円の面積なども求めることが要求されます。体積についても同じです。

　長さ・かさ・重さなどの単位の学習は、ほとんど小学校で習うだけで、中学以降はあまりふれられません。これらの内容は、しっかり習熟しておく必要があります。

　本シリーズは、次の6つの分野にしぼって編集しました。

① 時間と時こく	② 長さ・かさ・重さ	③ 小数・分数
④ 面積・体積	⑤ 単位量あたり	⑥ 割合・比

　1日1項目ずつ学習すれば、最短で16日間、週に4日の学習でも1か月で完成します。子どもたちが日ごろ使っている学習ノートをイメージして編集したので、抵抗感なく使えるものと思います。

　また、苦手意識を取り除くために、「うそテスト」「本テスト」「たしかめ」の3ステップ方式にしています。

　本シリーズで苦手分野を克服し、算数が好きになってくれることを祈ります。

自信をつける 3ステップ

ステップ1　ステップ2　ステップ3

うそテスト　本テスト　たしかめ

ステップ1

厳選された基本問題をのせてあります。

薄い文字などを問題自体につけて、その問題を解くために必要な内容をアドバイスしています。ゆっくりで構いませんので、取り組みましょう。

また、右ページの上には、その項目のねらいをかきました。

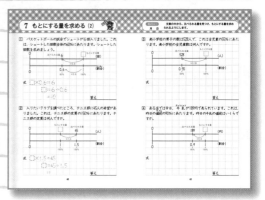

ステップ2

苦手意識をもっている子でも、取り組みやすいように「うそテスト」と同じ問題をのせてあります。一度、解いているのでアドバイスなしで解きます。

ここで満点をとって大いに自信をつけてもらいます。

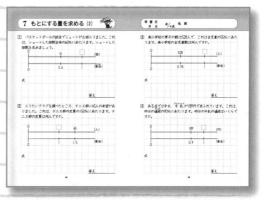

ステップ3

本テストの内容と数が少し変わっている問題をのせてあります。

これができていればもう大丈夫です。

次の項目に進みましょう。

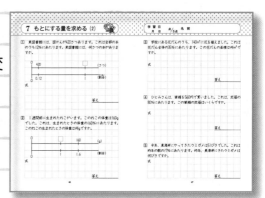

目次＆学習記録

学習日、成績をかいて、完全理解をめざそう！

学 習 内 容	うそテスト 学 習 日 ○点／○点		本テスト 学 習 日 ○点／○点		たしかめ 学 習 日 ○点／○点	
9. 差をふくんだ問題 ………54	月　　日	点／4点	月　　日	点／4点	月　　日	点／5点
10. 割合のいろいろな 問題 ………60	月　　日	点／6点	月　　日	点／6点	月　　日	点／6点
11. 帯グラフの読み方・ かき方 ………66	月　　日	点／6点	月　　日	点／6点	月　　日	点／5点
12. 円グラフの読み方・ かき方 ………72	月　　日	点／6点	月　　日	点／6点	月　　日	点／6点
13. 比の表し方と 比の値 ………78	月　　日	点／11点	月　　日	点／11点	月　　日	点／11点
14. 等しい比 ………84	月　　日	点／27点	月　　日	点／27点	月　　日	点／27点
15. 比を利用した問題 (1) ………90	月　　日	点／6点	月　　日	点／6点	月　　日	点／6点
16. 比を利用した問題 (2) ………96	月　　日	点／5点	月　　日	点／5点	月　　日	点／6点

① バスケットボールのシュートをしました。10回シュートをしたら、6回入りました。シュートが入った割合を求めましょう。

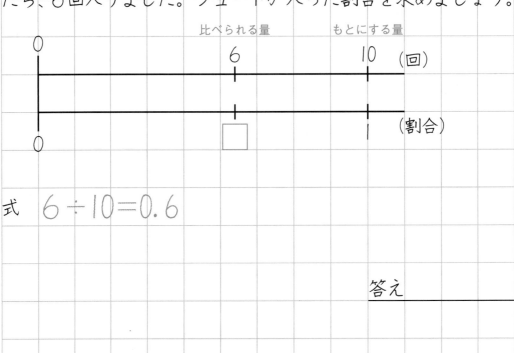

式 $6 \div 10 = 0.6$

答え _____

② 定員が45人のバスに、18人の客が乗っています。このバスに乗っている人の割合を求めましょう。

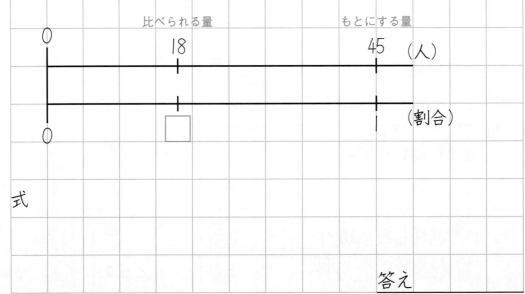

式

答え _____

③　アサガオの種を50個まきました。そのうち40個が芽を出しました。芽が出た割合を求めましょう。

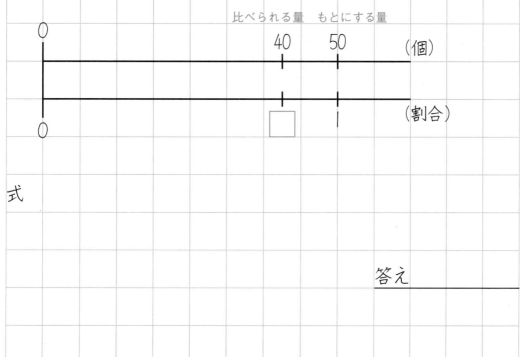

式

答え _____

④　定員が30人のサッカークラブに、36人の希望者がきました。定員をもとにした希望者数の割合を求めましょう。

式　36÷30＝1.2

答え _____

7

1 割合を求める (1)

1　バスケットボールのシュートをしました。10回シュートをしたら、6回入りました。シュートが入った割合を求めましょう。

```
0                          6              10   (回)
├────────────────────────┼──────────────┤
│                                             │
├────────────────────────┼──────────────┤
0                        □               1    (割合)
```

式

答え _____

2　定員が45人のバスに、18人の客が乗っています。このバスに乗っている人の割合を求めましょう。

```
0                  18                      45   (人)
├─────────────────┼──────────────────────┤
│                                              │
├─────────────────┼──────────────────────┤
0                 □                        1    (割合)
```

式

答え _____

③　アサガオの種を50個まきました。そのうち40個が芽を出しました。芽が出た割合を求めましょう。

```
   0                         40      50
   ├──────────────────────┼───────┼──────  (個)

   ├──────────────────────┼───────┼──────  (割合)
   0                      □        │
```

式

答え _____

④　定員が30人のサッカークラブに、36人の希望者がきました。定員をもとにした希望者数の割合を求めましょう。

```
   0                         30      36
   ├──────────────────────┼───────┼──────  (人)

   ├──────────────────────┼───────┼──────  (割合)
   0                       │    □
```

式

答え _____

1 割合を求める (1)

1　たけしさんは、バスケットボールで12回シュートをしました。そのうち9回入りました。シュートが入った割合を求めましょう。

```
0              9      12
├──────────────┼──────┤ (回)

0              ┌─┐
├──────────────┤ │────┤ (割合)
              └─┘
```

式

答え _____

2　600個のたまごから570ぴきのカメがかえりました。たまごからかえった割合を求めましょう。

```
0                  570 600
├──────────────────┼┼───┤ (個)

0                  ┌─┐
├──────────────────┤ │┤ (割合)
                   └─┘
```

式

答え _____

10

3　定員が70人のバスに、84人の客が乗っています。このバスに乗っている人の割合を求めましょう。

式

答え

4　80ページある本のうち12ページまで読みおわりました。読んだページ数の割合を求めましょう。

式

答え

5　定価3000円のマフラーが2400円で売られていました。定価をもとにした売り値の割合を求めましょう。

式

答え

2 百分率と歩合

1　小数で表した割合を、百分率で表しましょう。

① 0.07 ＝ 7 ％
0.01 ＝ 1 ％

② 0.5 ＝ 50%
0.1 ＝ 10%

③ 0.24 ＝ 24%

④ 0.31 ＝

⑤ 1.46 ＝ 146%
1 ＝ 100%

⑥ 2.18 ＝

⑦ 0.539 ＝ 53.9%
0.001 ＝ 0.1%

⑧ 0.605 ＝

2　百分率で表した割合を、小数や整数で表しましょう。

① 8 ％ ＝ 0.08
1 ％ ＝ 0.01

② 30% ＝ 0.3
10% ＝ 0.1

③ 65% ＝ 0.65

④ 12% ＝

⑤ 120% ＝ 1.2
100% ＝ 1

⑥ 300% ＝

⑦ 32.6% ＝ 0.326
0.1% ＝ 0.001

⑧ 0.9% ＝

ねらい

月　日

0.01＝1％と表した割合を百分率といいます。0.1＝1割、
0.01＝1分、0.001＝1厘と表した割合を歩合といいます。

3 小数や整数で表した割合を、歩合で表しましょう。

① 0.3＝3割
0.1＝1割

② 0.08＝8分
0.01＝1分

③ 0.17＝1割7分

④ 0.53＝

⑤ 0.492＝4割9分2厘
0.001＝1厘

⑥ 0.107＝

⑦ 0.086＝8分6厘

⑧ 1＝

4 歩合で表した割合を、小数や整数で表しましょう。

① 5割＝0.5
1割＝0.1

② 4分＝0.04
1分＝0.01

③ 8割2分＝0.82

④ 3割7分＝

⑤ 4割1分2厘＝0.412
1厘＝0.001

⑥ 2割9厘＝

⑦ 6分3厘＝0.063

⑧ 10割＝

2 百分率と歩合

1 小数で表した割合を、百分率で表しましょう。

① 0.07＝

② 0.5＝

③ 0.24＝

④ 0.31＝

⑤ 1.46＝

⑥ 2.18＝

⑦ 0.539＝

⑧ 0.605＝

2 百分率で表した割合を、小数や整数で表しましょう。

① 8％＝

② 30％＝

③ 65％＝

④ 12％＝

⑤ 120％＝

⑥ 300％＝

⑦ 32.6％＝

⑧ 0.9％＝

3　小数や整数で表した割合を、歩合で表しましょう。

① 0.3＝

② 0.08＝

③ 0.17＝

④ 0.53＝

⑤ 0.492＝

⑥ 0.107＝

⑦ 0.086＝

⑧ 1＝

4　歩合で表した割合を、小数や整数で表しましょう。

① 5割＝

② 4分＝

③ 8割2分＝

④ 3割7分＝

⑤ 4割1分2厘＝

⑥ 2割9厘＝

⑦ 6分3厘＝

⑧ 10割＝

2 百分率と歩合

1 小数で表した割合を、百分率で表しましょう。

① 0.03=

② 0.2=

③ 0.96=

④ 0.81=

⑤ 1.5=

⑥ 3.45=

⑦ 0.413=

⑧ 0.081=

2 百分率で表した割合を、小数で表しましょう。

① 4％=

② 80%=

③ 48%=

④ 62%=

⑤ 720%=

⑥ 145%=

⑦ 71.4%=

⑧ 3.5%=

③　小数や整数で表した割合を、歩合で表しましょう。

① 0.6＝

② 0.04＝

③ 0.25＝

④ 0.39＝

⑤ 0.713＝

⑥ 0.104＝

⑦ 0.014＝

⑧ 1＝

④　歩合で表した割合を、小数や整数で表しましょう。

① 8割＝

② 2分＝

③ 5割6分＝

④ 2割1分＝

⑤ 1割4分6厘＝

⑥ 3割7厘＝

⑦ 9分5厘＝

⑧ 10割＝

① バスケットボールのシュートをしました。16回シュートをしたら、4回入りました。シュートが入った割合は、何%ですか。

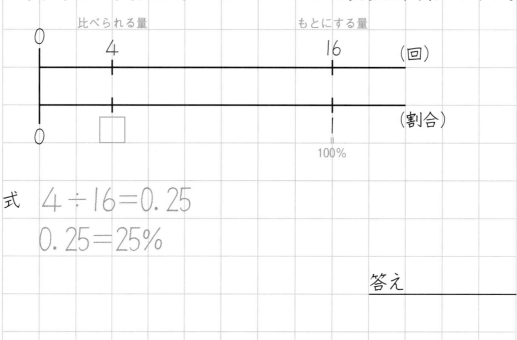

式　4÷16＝0.25
0.25＝25%

答え_____

② 定員が20人の図書委員会に、35人の希望者がきました。定員をもとにした、希望者数の割合は何%ですか。

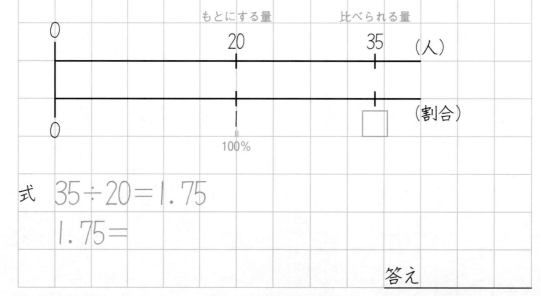

式　35÷20＝1.75
1.75＝

答え_____

3　山田さんの畑の面積は1040m²です。そのうちキャベツを作っている面積は364m²です。キャベツ畑の面積の割合は畑全体の何%ですか。

比べられる量　　　　　もとにする量

0

364　　　　　　　　1040　　　（m²）

0

□

100%　　（割合）

式

答え

4　ゆうたさんは、定価3000円のセーターを、2700円で買いました。ゆうたさんは、定価の何%で買いましたか。

比べられる量　もとにする量

0

2700　3000　（円）

0

□

100%　（割合）

式

答え

19

1 バスケットボールのシュートをしました。16回シュートをしたら、4回入りました。シュートが入った割合は、何%ですか。

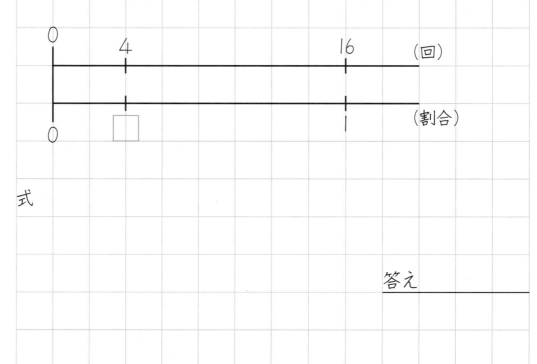

式

答え _____

2 定員が20人の図書委員会に、35人の希望者がきました。定員をもとにした、希望者数の割合は何%ですか。

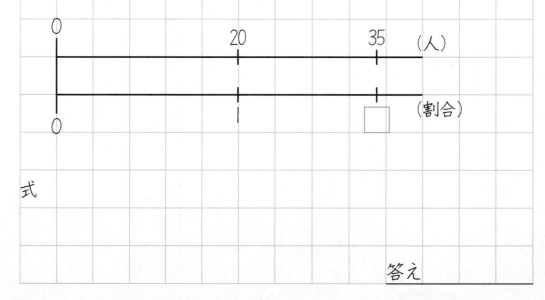

式

答え _____

3　山田さんの畑の面積は1040m²です。そのうちキャベツを作っている面積は364m²です。キャベツ畑の面積の割合は畑全体の何％ですか。

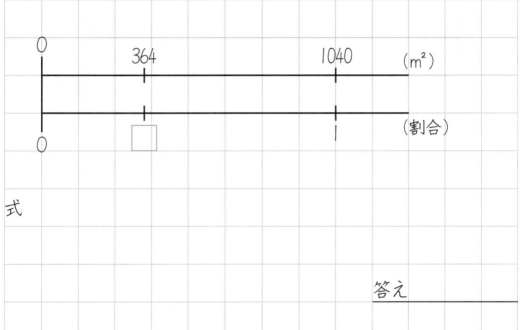

式

答え _____

4　ゆうたさんは、定価3000円のセーターを、2700円で買いました。ゆうたさんは、定価の何％で買いましたか。

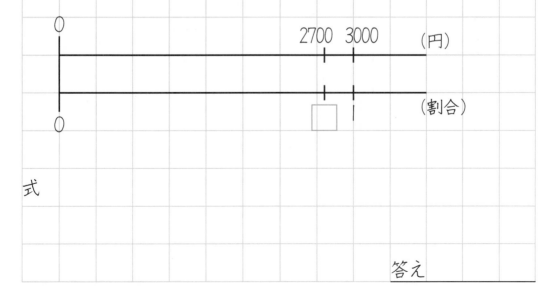

式

答え _____

3 割合を求める (2)

1 公民館の図書コーナーに450さつの本があります。そのうち135さつが、物語の本です。物語の本の割合は何%ですか。

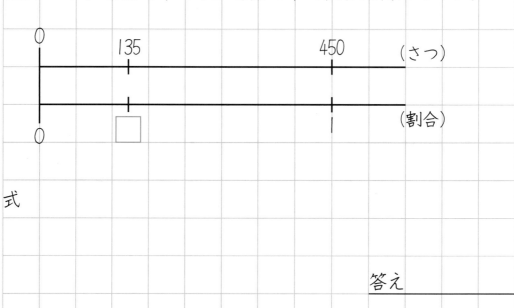

式

答え _____

2 750m²のビニールハウスがあります。そのうち、カーネーションを育てているのは、270m²です。カーネーション畑の面積の割合は何%ですか。

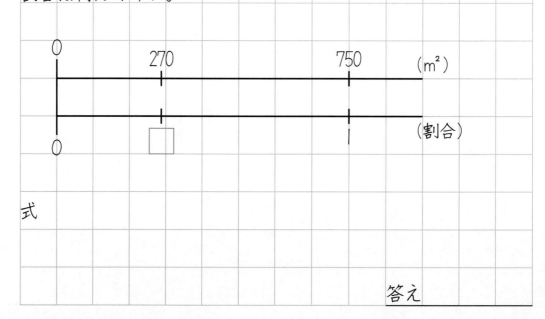

式

答え _____

3　1600gの小麦粉のうち512gをおかしづくりに使いました。使った小麦粉の割合は何％ですか。

式

答え

4　定員が80人の旅行にまだ12人しか申しこみがありません。申しこんだ人数は定員の何％ですか。

式

答え

5　800mLあったジュースのうち620mLだけ飲みました。飲んだジュースの割合は何％ですか。

式

答え

4 比べられる量を求める (1)

① 次の □ にあてはまる数を求めましょう。

　　もとにする量　　　比べられる量

① 100mの25%は、□mです。

式　100×0.25＝25

答え　25

② 40gの30%は、□gです。

式　40×0.3＝12

答え

③ 200円の8%は、□円です。

式

答え

④ 60円の120%は、□円です。

式

答え

⑤ 2500円の7割は、□円です。

式

答え

2　次の□にあてはまる数を求めましょう。

① 210本の80%は、□本です。

もとにする量　　　比べられる量

式　210×0.8＝168

答え＿＿＿＿＿＿

② 18000円の3％は、□円です。

式

答え＿＿＿＿＿＿

③ 50人の150%は、□人です。

式

答え＿＿＿＿＿＿

④ 6200円の8割は、□円です。

式

答え＿＿＿＿＿＿

⑤ 350mLの1割8分は、□mLです。

式

答え＿＿＿＿＿＿

4 比べられる量を求める (1)

1　次の □ にあてはまる数を求めましょう。

①　100mの25％は、□mです。

式

答え _____

②　40gの30％は、□gです。

式

答え _____

③　200円の8％は、□円です。

式

答え _____

④　60円の120％は、□円です。

式

答え _____

⑤　2500円の7割(わり)は、□円です。

式

答え _____

② 次の □ にあてはまる数を求めましょう。

① 210本の80%は、□本です。

式

答え _____

② 18000円の3%は、□円です。

式

答え _____

③ 50人の150%は、□人です。

式

答え _____

④ 6200円の8割は、□円です。

式

答え _____

⑤ 350mLの1割8分は、□mLです。

式

答え _____

4 比べられる量を求める (1)

1 次の □ にあてはまる数を求めましょう。

① 100gの45%は、□gです。

式

答え

② 7000円の15%は、□円です。

式

答え

③ 280kgの8%は、□kgです。

式

答え

④ 35人の160%は、□人です。

式

答え

⑤ 4500円の2割は、□円です。

式

答え

② 次の □ にあてはまる数を求めましょう。

① 2800円の75%は、□ 円です。

式

答え _____

② 620m²の2%は、□ m² です。

式

答え _____

③ 70人の220%は、□ 人です。

式

答え _____

④ 6400円の3割は、□ 円です。

式

答え _____

⑤ 800本の4割2分は、□ 本です。

式

答え _____

① バスケットボールのシュートをしました。10回シュートをしたら、そのうちの60%のシュートが入りました。シュートが入ったのは、何回ですか。

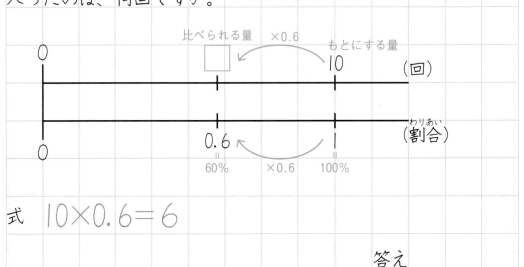

式　10×0.6＝6

答え ＿＿＿＿＿＿＿＿

② スイカの成分は90%が水分だそうです。
500gのスイカにふくまれる水分は何gですか。

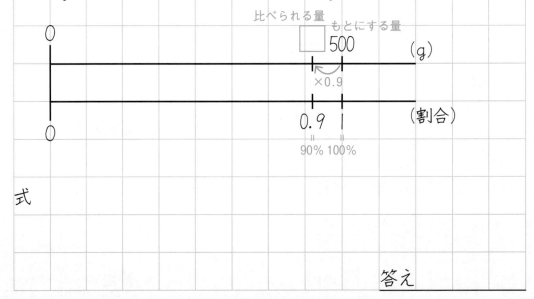

式

答え ＿＿＿＿＿＿＿＿

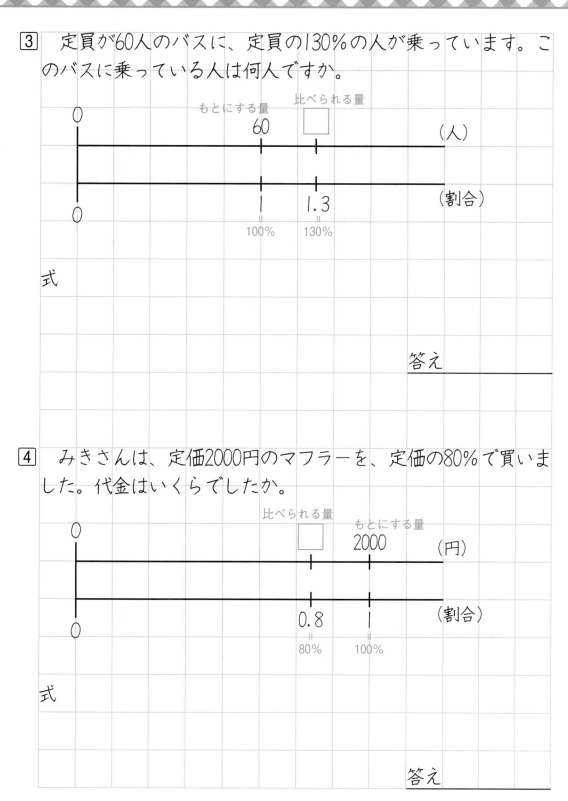

3　定員が60人のバスに、定員の130%の人が乗っています。このバスに乗っている人は何人ですか。

もとにする量
60

比べられる量
□
（人）

1.3
（割合）
100%　130%

式

答え

4　みきさんは、定価2000円のマフラーを、定価の80%で買いました。代金はいくらでしたか。

比べられる量
□

もとにする量
2000
（円）

0.8
（割合）
80%　100%

式

答え

31

1　バスケットボールのシュートをしました。10回シュートをしたら、そのうちの60％のシュートが入りました。シュートが入ったのは、何回ですか。

```
0                      □            10
├──────────────┼──────────┤ (回)
                        |
├──────────────┼──────────┤ (割合)
0                     0.6          1
```

式

答え _____

2　スイカの成分は90％が水分だそうです。
　500gのスイカにふくまれる水分は何gですか。

```
0                         □  500
├─────────────────┼──┤ (g)
                          |
├─────────────────┼──┤ (割合)
0                        0.9  1
```

式

答え _____

32

③　定員が60人のバスに、定員の130%の人が乗っています。このバスに乗っている人は何人ですか。

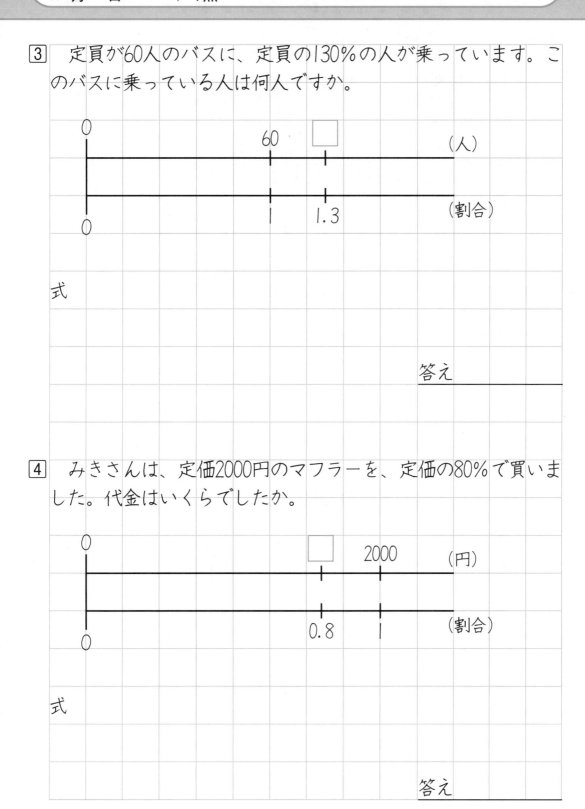

式

答え _____

④　みきさんは、定価2000円のマフラーを、定価の80%で買いました。代金はいくらでしたか。

式

答え _____

① お米の成分の74%がでんぷんだそうです。
300gのお米にふくまれるでんぷんは何gですか。

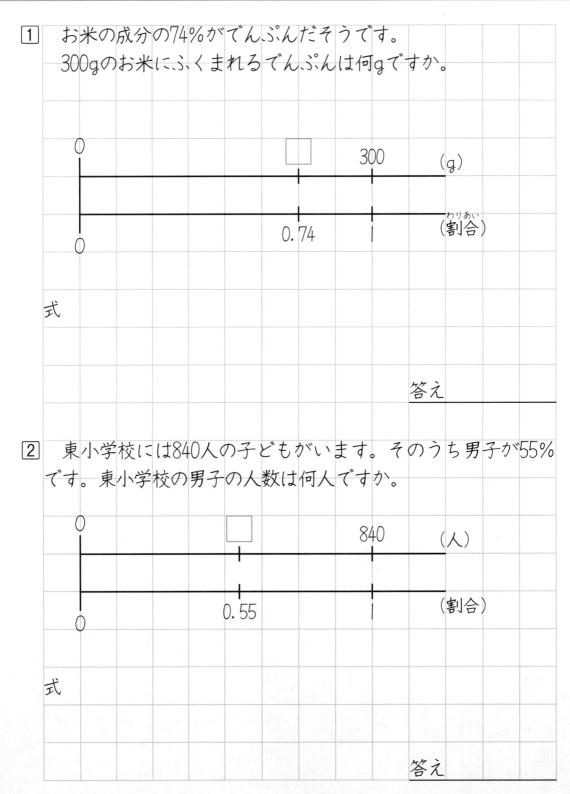

式

答え _____

② 東小学校には840人の子どもがいます。そのうち男子が55%
です。東小学校の男子の人数は何人ですか。

式

答え _____

③　240haの畑があります。このうちじゃがいもの畑が、28％です。じゃがいも畑は何haですか。

式

答え

④　西小学校の図書室には、1400さつの本があります。このうち35％が伝記です。この図書室に伝記は何さつありますか。

式

答え

⑤　定員15人の放送委員会に、定員の180％の人が希望しています。放送委員会の希望者は何人ですか。

式

答え

1　次の □ にあてはまる数を求めましょう。

比べられる量　もとにする量

①　25mは、□mの25%にあたります。

式　□×0.25＝25

□＝25÷0.25

＝100

答え　　100

②　300円は、□円の8%にあたります。

式

答え

③　80人は、□人の160%にあたります。

式

答え

④　2800円は、□円の7割にあたります。

式

答え

36

② 次の □ にあてはまる数を求めましょう。

① 660人は、□人の55％にあたります。

式

答え _____

② 35mは、□mの2％にあたります。

式

答え _____

③ 8.4kgは、□kgの240％にあたります。

式

答え _____

④ 600mは、□mの2割5分にあたります。

式

答え _____

1 次の□にあてはまる数を求めましょう。

① 25mは、□mの25%にあたります。

式

答え

② 300円は、□円の8％にあたります。

式

答え

③ 80人は、□人の160％にあたります。

式

答え

④ 2800円は、□円の7割にあたります。

式

答え

2 次の □ にあてはまる数を求めましょう。

① 660人は、□人の55%にあたります。

式

答え _____

② 35mは、□mの2%にあたります。

式

答え _____

③ 8.4kgは、□kgの240%にあたります。

式

答え _____

④ 600mは、□mの2割5分にあたります。

式

答え _____

1　次の □ にあてはまる数を求めましょう。

① 45gは、□gの45％にあたります。

式

答え＿＿＿＿＿＿＿＿＿＿＿

② 70本は、□本の280％にあたります。

式

答え＿＿＿＿＿＿＿＿＿＿＿

③ 5.1Lは、□Lの8.5％にあたります。

式

答え＿＿＿＿＿＿＿＿＿＿＿

④ 4200円は、□円の8割にあたります。

式

答え＿＿＿＿＿＿＿＿＿＿＿

② 次の □ にあてはまる数を求めましょう。

① 20mLは、□mLの8％にあたります。

式

答え _____

② 24.8Lは、□Lの25％にあたります。

式

答え _____

③ 1050円は、□円の30％にあたります。

式

答え _____

④ 93mLは、□mLの1割5分にあたります。

式

答え _____

7 もとにする量を求める (2)

① バスケットボールの試合でシュートが6回入りました。これは、シュートした回数全体の60%にあたります。シュートした回数を求めましょう。

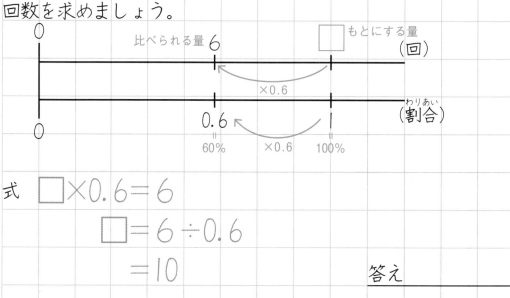

式 □×0.6＝6

　　　□＝6÷0.6

　　　　＝10   答え

② 入りたいクラブを調べたところ、テニス部に45人の希望がありました。これは、テニス部の定員の150%にあたります。テニス部の定員は何人ですか。

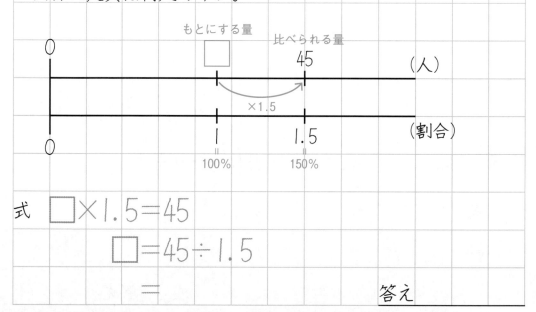

式 □×1.5＝45

　　　□＝45÷1.5

　　　　＝   答え

③　南小学校の男子の数は528人で、これは全児童の55％にあたります。南小学校の全児童数は何人ですか。

```
                    比べられる量        もとにする量
      0              528               □          （人）
      |───────────────┼────────────────┼───────────
                         ×0.55
      0              0.55              |           （割合）
      |───────────────┼────────────────┼───────────
                      55%             100%
```

式

答え

④　ある店では今日、牛乳が189円で売られています。これは、昨日の値段の90％にあたります。昨日の牛乳の値段はいくらですか。

```
                    比べられる量    もとにする量
      0              189           □            （円）
      |───────────────┼────────────┼───────────
                         ×0.9
      0              0.9           |             （割合）
      |───────────────┼────────────┼───────────
                      90%         100%
```

式

答え

1　バスケットボールの試合でシュートが6回入りました。これは、シュートした回数全体の60%にあたります。シュートした回数を求めましょう。

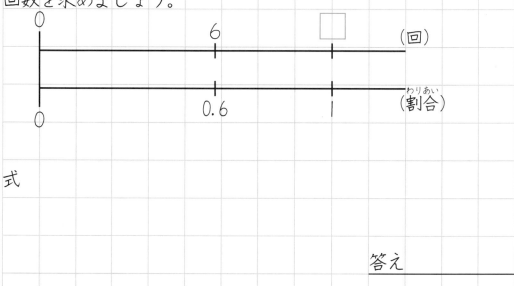

式

答え _____

2　入りたいクラブを調べたところ、テニス部に45人の希望がありました。これは、テニス部の定員の150%にあたります。テニス部の定員は何人ですか。

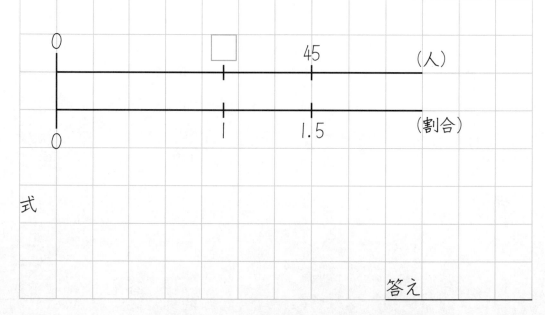

式

答え _____

③　南小学校の男子の数は528人で、これは全児童の55％にあたります。南小学校の全児童数は何人ですか。

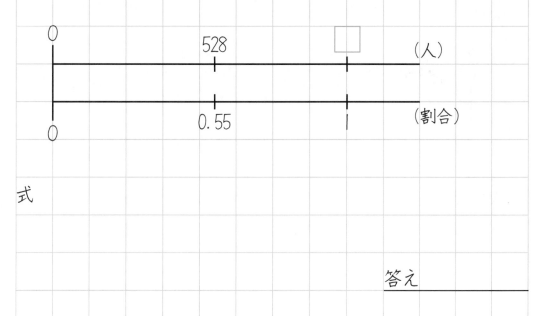

式

答え _____

④　ある店では今日、牛乳が189円で売られています。これは、昨日の値段の90％にあたります。昨日の牛乳の値段はいくらですか。

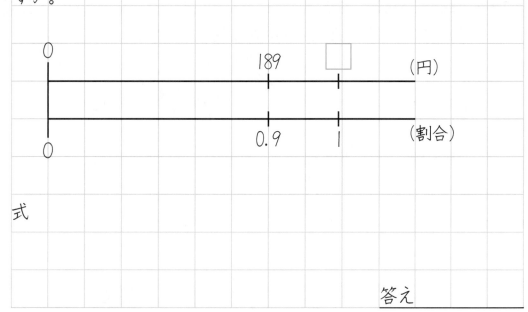

式

答え _____

45

① 東図書館には、図かんが420さつあります。これは全部の本のうち12%にあたります。東図書館には、何さつの本がありますか。

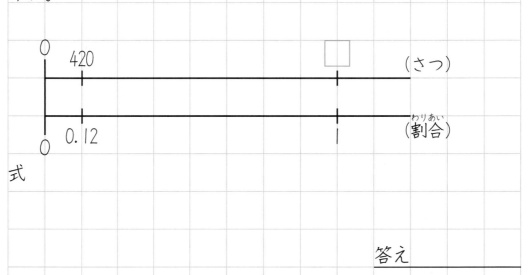

式

答え _____

② 1週間前に生まれたねこがいます。このねこの体重は160gでした。これは、生まれたときの体重の160%にあたります。このねこの生まれたときの体重は何gですか。

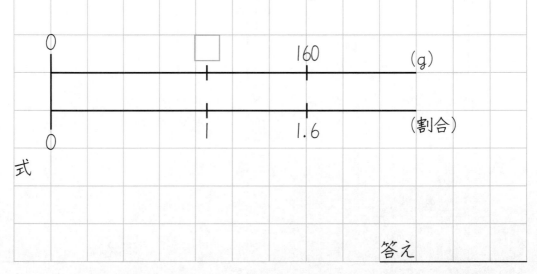

式

答え _____

3 学校にある花だんのうち、140m²に花を植えました。これは花だん全体の35%にあたります。この花だんの面積は何m²ですか。

式

答え　＿＿＿＿＿＿

4 ひとみさんは、筆箱を560円で買いました。これは、定価の80%にあたります。この筆箱の定価はいくらですか。

式

答え　＿＿＿＿＿＿

5 今年、東海岸にやってきたウミガメは51ぴきでした。これは昨年の数の17%にあたります。昨年、東海岸にきたウミガメは何びきですか。

式

答え　＿＿＿＿＿＿

① 筆箱を600円で仕入れました。利益を20%加えて売ると、売り値はいくらですか。

もとにする量 600 円を 100 %とすると、売り値は、

20 %加わるので、売り値は、600 円の 120 %です。

120%
＝
1.2

式 $600 \times (1 + 0.2) = 600 \times 1.2$

$= 720$

答え

② 定価4000円のセーターが売られています。そこに10%の消費税がかかると、代金はいくらになりますか。

0

もとにする量
4000

比べられる量

（円）

0.1

0

1.1

わりあい
（割合）

式 $4000 \times (1 + 0.1) = 4000 \times 1.1$

$=$

答え

3　バスケットボール部の昨年の入部希望者は45人でした。今年
の希望者は昨年より、40%増えました。
　　今年の入部希望者は、何人ですか。

もとにする量　45　人を　100　%とすると、今年の希望者は

40　%多いので、今年の希望者は　45　人の　140　%です。

式　45×(1+0.4)=
　　　　　　　　=
)140%
=
1.4

答え _____

4　昨日のスーパーの売り上げは42万円でした。今日は昨日の売
り上げより25%増えました。
　　今日の売り上げはいくらですか。

もとにする量　比べられる量
0　　　　　　　42　　　　□　　　　　　(万円)

　　　　　　　　0.25
　　　　　　　1　　1.25

0　　　　　　　　　　　　　　　　　　　(割合)

式

答え _____

49

1　筆箱を600円で仕入れました。利益を20%加えて売ると、売り値(ね)はいくらですか。

もとにする量 [　　] 円を [　　] %とすると、売り値は、

[　　] %加わるので、売り値は、[　　] 円の [　　] %です。

式

答え _____

2　定価4000円のセーターが売られています。そこに10%の消費税がかかると、代金はいくらになりますか。

0　　　　　　　　　4000　[　　]　　　（円）

　　　　　　　　　　0.1

0　　　　　　　　　　|　[　　]　　　（割合）(わりあい)

式

答え _____

3　バスケットボール部の昨年の入部希望者は45人でした。今年の希望者は昨年より、40％増えました。

　今年の入部希望者は、何人ですか。

もとにする量 [　　] 人を [　　] ％とすると、今年の希望者は

[　　] ％多いので、今年の希望者は [　　] 人の [　　] ％です。

式

答え _____

4　昨日のスーパーの売り上げは42万円でした。今日は昨日の売り上げより25％増えました。

　今日の売り上げはいくらですか。

式

答え _____

① 油性マーカーを300円で仕入れました。利益を15%加えて売ると、売り値(ね)はいくらですか。

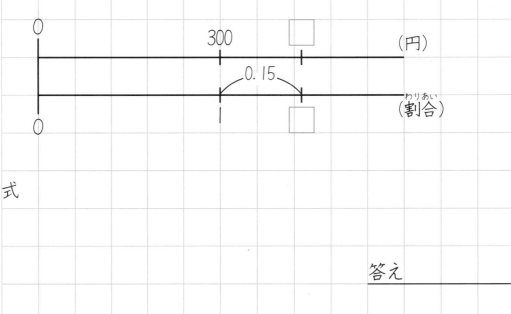

式

答え _____

② 昨年カーネーションが420本さきました。今年は、昨年より5%多くさきました。今年カーネーションは、何本さきましたか。

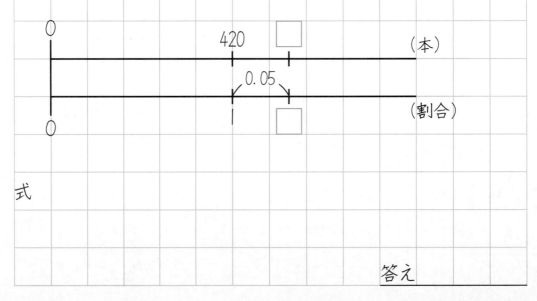

式

答え _____

3　北図書館が先週貸し出した本の数は、320さつでした。今週貸し出した本の数は先週に比べて25％増加しました。今週貸し出した本の数は何さつですか。

式

答え

4　28000円のそうじ機が売られています。そこに10％の消費税がかかると、代金はいくらになりますか。

式

答え

5　放送委員会の定員は15人です。今年は、定員より80％多く希望者がきました。今年の希望者は何人ですか。

式

答え

1 350円の色えんぴつを、30%引きの値段で買いました。代金は、いくらですか。

もとにする量 350 円を 100 %とすると、代金は

30 %引かれるので、代金は 350 円の 70 %です。

70%
=
0.7

式 $350 \times (1 - 0.3) = 350 \times 0.7$
$= 245$

答え _____

2 3600円のゲームソフトを、15%引きの値段で買いました。代金はいくらですか。

式 $3600 \times (1 - 0.15) = 3600 \times 0.85$
$=$

答え _____

3　サッカー部の昨年の入部希望者は55人でした。今年の希望者数は、昨年より20%減りました。
　　今年の入部希望者は何人ですか。

もとにする量 55 人を 100 %とすると、今年の希望者は

20 %減ったので、今年の希望者は 55 人の 80 %です。

)80%
=
0.8

式　$55×(1−0.2)=$

　　　　　　　　　$=$

答え _____

4　A農園で、昨年とれたキャベツの量は450kgでした。今年とれたキャベツの量は、昨年よりも8%減りました。
　　今年とれたキャベツの量は何kgですか。

比べられる量　　　もとにする量

0 ──────── □ ── 450 ──── (kg)

0.08

0 ──────── 0.92 ── (割合)

式

答え _____

1　350円の色えんぴつを、30%引きの値段（ねだん）で買いました。代金は、いくらですか。

もとにする量 ⬚ 円を ⬚ %とすると、代金は

⬚ %引かれるので、代金は ⬚ 円の ⬚ %です。

式

答え _____

2　3600円のゲームソフトを、15%引きの値段で買いました。代金はいくらですか。

```
0          ⬚    3600
|          |    |        （円）
|          |    |
|        ⌒0.15⌒
|          |    |        （割合）
0          ⬚    |
```

式

答え _____

3　サッカー部の昨年の入部希望者は55人でした。今年の希望者数は、昨年より20%減りました。
　　今年の入部希望者は何人ですか。

もとにする量 □ 人を □ %とすると、今年の希望者は

□ %減ったので、今年の希望者は □ 人の □ %です。

式

答え＿＿＿＿＿＿＿＿＿

4　Ａ農園で、昨年とれたキャベツの量は450kgでした。今年とれたキャベツの量は、昨年よりも8%減りました。
　　今年とれたキャベツの量は何kgですか。

```
0                    □    450
├──────────────────┼────┤  (kg)
                   0.08
├──────────────────┼────┤  (割合)
0                    □
```

式

答え＿＿＿＿＿＿＿＿＿

1　400円の筆箱を、10%引きの値段で買いました。代金はいくらですか。

```
        0                  □ 400
        ├──────────────────┼──┤         (円)
                            0.1
        0                  □ │          (割合)
        ├──────────────────┼──┤
```

式

答え＿＿＿＿＿＿＿

2　1月のただしさんの体重は42kgでした。2月にはかると1月にくらべて5%体重が減っていました。
　2月の体重は、何kgですか。

```
        0                  □ 42
        ├──────────────────┼──┤         (kg)
                            0.05
        0                  □ │          (割合)
        ├──────────────────┼──┤
```

式

答え＿＿＿＿＿＿＿

3　昨日スーパーで牛乳（ぎゅうにゅう）が144円で売られていました。今日は昨日より25%引きで売られています。
　　今日の牛乳の値段は、いくらですか。

式

答え _____

4　ジュースが1200mLあります。今日15%だけ飲みました。のこりのジュースは何mLですか。

式

答え _____

5　B港で昨年とれた魚は、7.2tでした。今年とれた魚は昨年よりも55%減りました。
　　今年とれた魚は、何tですか。

式

答え _____

1　東中学校の１年生は、240人です。そのうち男子が45％です。男子の人数は、何人ですか。

比べられる量を求める問題

式　240×0.45＝

答え _____

2　定価3500円のマフラーがあります。これに消費税が10％かかります。このマフラーの代金はいくらですか。

和をふくんだ問題

式　3500×（１＋0.1）＝

答え _____

3　定員が70人のバスに28人の客が乗っています。このバスに乗っている人の割合は何％ですか。

割合を求める問題

式　28÷70＝

答え _____

4　2400円のゲームソフトを25%引きの値段(ねだん)で買いました。代金はいくらですか。

差をふくんだ問題

式　2400×（1－0.25）＝

答え＿＿＿＿＿＿

5　ある店では今日ジュースが81円で売られています。これは、昨日の値段の90%にあたります。昨日のジュースの値段はいくらですか。

もとにする量を求める問題

式　□×0.9＝81

答え＿＿＿＿＿＿

6　2500mのマラソンコースのうち、550mを走りました。走ったきょりの割合は何%ですか。

割合を求める問題

式　550÷2500＝

答え＿＿＿＿＿＿

① 東中学校の 1 年生は、240人です。そのうち男子が45%です。男子の人数は、何人ですか。

式

答え _____

② 定価3500円のマフラーがあります。これに消費税が10%かかります。このマフラーの代金はいくらですか。

式

答え _____

③ 定員が70人のバスに28人の客が乗っています。このバスに乗っている人の割合は何%ですか。

式

答え _____

4 　2400円のゲームソフトを25%引きの値段(ねだん)で買いました。代金はいくらですか。

式

答え＿＿＿＿＿＿＿

5 　ある店では今日ジュースが81円で売られています。これは、昨日の値段の90%にあたります。昨日のジュースの値段はいくらですか。

式

答え＿＿＿＿＿＿＿

6 　2500mのマラソンコースのうち、550mを走りました。走ったきょりの割合は何%ですか。

式

答え＿＿＿＿＿＿＿

10 割合のいろいろな問題

1　チューリップの球根を植えたところ、247本の花がさきました。これは植えた球根の95%にあたります。植えた球根は全部で何個ですか。

式

答え _____

2　250ページある本のうち105ページまで読みおわりました。読んだページ数の割合は何%ですか。

式

答え _____

3　B農場で、昨年とれたじゃがいもの量は280kgでした。今年とれたじゃがいもの量は昨年より15%減りました。
　今年とれたじゃがいもの量は、何kgですか。

式

答え _____

64

4 　定員が1200人の列車に、定員の35％の客が乗っています。何人の客が乗っていますか。

式

答え _____

5 　よしおくんの昨年4月の体重は32kgでした。今年4月に体重をはかったところ、昨年より15％増えていました。
　今年の体重は、何kgですか。

式

答え _____

6 　北中学校の女子生徒の人数は396人で、これは全生徒数の44％にあたります。
　北中学校の全生徒数は何人ですか。

式

答え _____

1　下の帯グラフは、2015年の日本の学校数の種類別の割合を表したものです。次の問いに答えましょう。

〔日本の学校数の種類別の割合（2015）〕

| 小学校 | 幼稚園 | 中学校 | 高等学校 | その他 |

0　10　20　30　40　50　60　70　80　90　100（％）

①　それぞれの学校の種類別の割合は何％ですか。

58－37＝21

小学校（　37%　）　　　幼稚園（　21%　）

中学校（　　　）　　　高等学校（　　　）

②　いちばん割合の多い学校の種類は何ですか。

（小学校）

③　小学校の割合と中学校の割合を合わせると何％になりますか。

37＋19＝56　　　　　　　　　　（　56%　）

④　中学校の割合は、高等学校の割合の約何倍ですか。

中学校19%→約20%　　　　20÷10＝2

高等学校9%→約10%　　　　（約2倍）

66

② 　右の表は、「好きな教科」
について、小学校でアンケ
ートをとった結果です。次
の問いに答えましょう。

〔好きな教科〕

教科	体育	図工	算数	理科	その他	合計
人数(人)	64	44	36	19	37	200

① 　それぞれの教科の人数の割合は、何%ですか。

体育…$64 \div 200 \times 100 = 32$ 　　　　　（　32　%）

図工… 　　　　　　　　　　　　　　　　　　（　　　%）

算数… 　　　　　　　　　　　　　　　　　　（　　　%）

理科…$19 \div 200 \times 100 = 9.5 \rightarrow 10\%$ $\frac{1}{10}$の位を四捨五入する（　10　%）

その他… 　　　　　　　　　　　　　　　　　（　　　%）

② 　割合の大きい順にならべ、帯グラフを完成させましょう。
（全ての教科の割合を合計すると、101%になるので、その他
を1%減らして18%とします。）

〔好きな教科〕　　　　　　「その他」は最後に
　　　　　　　　　　　　　　かきます。

体育	図工	算数	理科	その他

0　10　20　30　40　50　60　70　80　90　100 (%)

1 下の帯グラフは、2015年の日本の学校数の種類別の割合を表したものです。次の問いに答えましょう。

〔日本の学校数の種類別の割合（2015）〕

| 小学校 | 幼稚園 | 中学校 | 高等学校 | その他 |

0 10 20 30 40 50 60 70 80 90 100（%）

① それぞれの学校の種類別の割合は何％ですか。

小学校（   ）   幼稚園（   ）

中学校（   ）   高等学校（   ）

② いちばん割合の多い学校の種類は何ですか。

（   ）

③ 小学校の割合と中学校の割合を合わせると何％になりますか。

（   ）

④ 中学校の割合は、高等学校の割合の約何倍ですか。

（   ）

2　右の表は、「好きな教科」について、小学校でアンケートをとった結果です。次の問いに答えましょう。

〔好きな教科〕

教科	体育	図工	算数	理科	その他	合計
人数(人)	64	44	36	19	37	200

① それぞれの教科の人数の割合は、何%ですか。

体育… （　　　　%）

図工… （　　　　%）

算数… （　　　　%）

理科… （　　　　%）

その他… （　　　　%）

② 割合の大きい順にならべ、帯グラフを完成させましょう。
（全ての教科の割合を合計すると、101%になるので、その他を1%減らして18%とします。）

〔好きな教科〕

```
0  10  20  30  40  50  60  70  80  90  100 (%)
```

1　下の表は、まことさんの学校の図書室で、4月に貸し出した本の数と割合を、種類別に表したものです。

①　右の表のア〜オにあてはまる数をかきましょう。

〔図書室で貸し出した本の数と割合（4月）〕

種類	数（さつ）	割合（％）
物　語	135	ア
図かん	イ	26
科　学	55	18
伝　記	ウ	エ
その他	12	オ
合　計	300	100

②　表をもとに帯グラフを完成させましょう。

〔図書室で貸し出した本の種類別の割合（4月）〕

0　10　20　30　40　50　60　70　80　90　100（％）

2　しんじさんは、「好きなスポーツ」についてA小学校とB小学校でアンケートをとり、下のグラフにまとめました。
　次の問いに答えましょう。

〔好きなスポーツ〕

A小学校
(500人)　| バスケットボール | ドッジボール | サッカー | バレーボール | 野球 | その他 |

B小学校
(300人)　| バスケットボール | ドッジボール | サッカー | バレーボール | 野球 | その他 |

0　10　20　30　40　50　60　70　80　90　100　(%)

①　A小学校のドッジボールの割合、B小学校のバスケットボールの割合は、それぞれ何%ですか。

　　A小学校（　　　　　　　　）　　B小学校（　　　　　　　　）

②　A小学校とB小学校のドッジボールの人数は、それぞれ何人ですか。

　式　A

　　　B　　　　　　　　　　A小学校　　　　, B小学校

③　B小学校のバスケットボールの人数は、バレーボールの人数の何倍になっていますか。

　式　　　　　　　　　　　　　　　　　　答え

71

① 下の円グラフは「好きな食べ物」について、小学校でアンケートをとった結果です。次の問いに答えましょう。

① それぞれの割合は何％ですか。

〔好きな食べ物〕

カレーライス（　26　％）

ハンバーグ　（　23　％）

オムライス　（　　　％）

ラーメン　　（　　　％）

えびフライ　（　　　％）

② カレーライスとハンバーグとオムライスの割合を合わせると何％になりますか。

26＋23＋21＝70　　　　　　　（　70　％）

③ カレーライスとハンバーグを合わせると、全体の約何分の一になりますか。

26＋23＝49→約50　　　　　　（　約 $\frac{1}{2}$　）

④ オムライスは、えびフライの何倍になっていますか。

21÷7＝3　　　　　　　　　　（　3倍　）

割合を表す場合には、円グラフも使われます。円グラフも全体をもとにしたときの各部分の割合を見たり、比べたりするのに便利です。

2　右の表は、5年A組のけがの種類と人数について調べたものです。
　次の問いに答えましょう。

けが	すりきず	打ぼく	切りきず	ねんざ	その他	合計
人数（人）	20	15	10	6	9	60

①　それぞれのけがの人数の割合は、何％ですか。

すりきず…$20 \div 60 \times 100 = 33.3 \to 33$　（　33　％）

打ぼく……$15 \div 60 \times 100 = 25$　（　25　％）

切りきず…　　　　　　　　　　　　　　　（　　　％）

ねんざ……　　　　　　　　　　　　　　　（　　　％）

その他……　　　　　　　　　　　　　　　（　　　％）

②　割合の大きい順にならべ、円グラフを完成させましょう。（その他は、最後にかきます。）
　全てのけがの割合を合計すると、100％になるので、その他を15％とします。

〔けがの種類別の割合〕

1　下の円グラフは「好きな食べ物」について、小学校でアンケートをとった結果です。次の問いに答えましょう。

① それぞれの割合は何％ですか。

カレーライス（　　　％）

ハンバーグ　（　　　％）

オムライス　（　　　％）

ラーメン　　（　　　％）

えびフライ　（　　　％）

〔好きな食べ物〕

② カレーライスとハンバーグとオムライスの割合を合わせると何％になりますか。

（　　　　　％）

③ カレーライスとハンバーグを合わせると、全体の約何分の一になりますか。

（　　　　　）

④ オムライスは、えびフライの何倍になっていますか。

（　　　　　）

2　右の表は、5年A組の
けがの種類と人数につい
て調べたものです。
　次の問いに答えましょう。

け　が	すりきず	打ぼく	切りきず	ねんざ	その他	合計
人数（人）	20	15	10	6	9	60

① それぞれのけがの人数の割合は、何%ですか。

すりきず…　　　　　　　　　　　　　　（　　　　%）

打ぼく……　　　　　　　　　　　　　　（　　　　%）

切りきず…　　　　　　　　　　　　　　（　　　　%）

ねんざ……　　　　　　　　　　　　　　（　　　　%）

その他……　　　　　　　　　　　　　　（　　　　%）

② 割合の大きい順にならべ、
円グラフを完成させましょ
う。（その他は、最後にかき
ます。）
　全てのけがの割合を合計す
ると、100%になるので、そ
の他を15%とします。

〔けがの種類別の割合〕

1　下の表は、C小学校児童の「好きなスポーツ」について調べたものです。次の問いに答えましょう。

① 右の表のア～カにあてはまる数をかきましょう。

〔好きなスポーツ〕

スポーツ名	人数(人)	割合(%)
バスケットボール	ア	33
サッカー	54	イ
バレーボール	ウ	エ
野球	35	12
水泳	27	オ
その他	40	カ
合計	300	100

② 表をもとに、円グラフを完成させましょう。

〔好きなスポーツ〕

2　ゆみさんは、学校で入りたい委員会についてアンケートをとり、下のグラフにまとめました。

　次の問いに答えましょう。

① それぞれの委員会の割合は、何%ですか。

〔入りたい委員会〕

放送…（　　　　%）

体育…（　　　　%）

給食…（　　　　%）

美化…（　　　　%）

図書…（　　　　%）

② 体育委員会の割合は、全体の約何分の一ですか。

（　　　　　　　　）

③ 放送委員会は、美化委員会の約何倍ですか。

（　　　　　　　　）

④ この学校の人数は300人です。給食委員会を希望している人数は何人ですか。

式

答え

13 比の表し方と比の値

1 　す2カップと、サラダ油3カップを混ぜてドレッシングをつくります。すとサラダ油の割合を比で表しましょう。

す
2カップ　　　　サラダ油
　　　　　　　　3カップ

答え　2：3

2 　縦が9m、横が11mの花だんがあります。縦と横の長さの割合を比で表しましょう。

9m

11m

答え

3 　6年A組は、女子が9人、男子が19人です。女子と男子の人数の割合を比で表しましょう。

答え

ねらい

月　日

a：bは「a対b」と読み、aとbの割合を表します。
また、aをbで割った $\frac{a}{b}$ を比の値といいます。

4 次の比について、比の値を求めましょう。

① 1：2

→ $1 \div 2 = \frac{1}{2}$

② 2：3

→ $2 \div 3 =$

③ 6：8

→ $6 \div 8 = \frac{6}{8} = \frac{3}{4}$

④ 8：2

→

⑤ 12：8

→

5 次の比と等しい比を下の⑦～⑦から選びましょう。比の値を求めて比べます。

① 1：3

② 8：4

③ 2：1

⑦ 7：20
⑦ 4：12
⑦ 3：5

⑦ 2：1
⑦ 4：1
⑦ 10：6

⑦ 20：30
⑦ 50：25
⑦ 5：1

(　　)

(　　)

(　　)

13 比の表し方と比の値

1 す2カップと、サラダ油3カップを混ぜてドレッシングをつくります。すとサラダ油の割合を比で表しましょう。

す
2カップ

サラダ油
3カップ

答え _____

2 縦が9m、横が11mの花だんがあります。縦と横の長さの割合を比で表しましょう。

9m

11m

答え _____

3 6年A組は、女子が9人、男子が19人です。女子と男子の人数の割合を比で表しましょう。

答え _____

4 　次の比について、比の <ruby>値<rt>あたい</rt></ruby> を求めましょう。

① 1 : 2　　　　　② 2 : 3

→ 1 ÷ 2 =　　　　→

③ 6 : 8　　　　　④ 8 : 2

→　　　　　　　　→

⑤ 12 : 8

→

5 　次の比と等しい比を下の⑦～⑦から選びましょう。比の値を
求めて比べます。

① 1 : 3　　　　② 8 : 4　　　　③ 2 : 1

⑦ 7 : 20	⑦ 2 : 1	⑦ 20 : 30
⑦ 4 : 12	⑦ 4 : 1	⑦ 50 : 25
⑦ 3 : 5	⑦ 10 : 6	⑦ 5 : 1

(　　)　　　　　(　　)　　　　　(　　)

13 比の表し方と比の値

① 　紅茶3Lと牛乳1Lを混ぜてミルクティーをつくります。紅茶と牛乳の割合を比で表しましょう。

答え _____

② 　縦が13cm、横が5cmの長方形があります。縦と横の長さの割合を比で表しましょう。

答え _____

③ 　赤いかばんは3.2kg、黒いかばんは1.9kgです。赤と黒のかばんの重さの割合を比で表しましょう。

答え _____

4　次の比について、比の値を求めましょう。

① 6：7

② 9：12

→

→

③ 20：15

④ 16：4

→

→

⑤ 36：10

→

5　次の比と等しい比を下の⑦～⑨から選びましょう。比の値を
求めて比べます。

① 3：5

② 5：6

③ 2：5

⑦　27：40

⑦　15：16

⑦　0.4：1

⑦　10：15

⑦　$\frac{1}{6}$：$\frac{1}{5}$

⑦　$\frac{2}{3}$：$\frac{1}{5}$

⑨　6：10

⑨　0.6：0.5

⑨　8：30

（　　　）

（　　　）

（　　　）

14 等しい比

1　等しい比をつくりましょう。

① $4 : 6 = 2 : \boxed{3}$（÷2）　② $9 : 6 = 3 : \boxed{}$（÷3）

③ $8 : 12 = 2 : \boxed{}$　④ $5 : 15 = 1 : \boxed{}$

⑤ $10 : 5 = \boxed{} : 1$　⑥ $21 : 28 = \boxed{} : 4$

⑦ $20 : 8 = \boxed{} : 2$　⑧ $56 : 16 = \boxed{} : 2$

2　次の比を簡単にしましょう。

① $6 : 8 = 3 : 4$　② $20 : 60 =$

③ $24 : 60 =$　④ $6 : 18 =$

⑤ $36 : 24 =$　⑥ $60 : 45 =$

⑦ $28 : 49 =$　⑧ $40 : 10 =$

⑨ $24 : 56 =$　⑩ $14 : 49 =$

3　次の比を簡単にしましょう。

① $0.2 : 0.6 = 2 : 6$　　② $1.2 : 6 =$
$ = 1 : 3$

③ $0.9 : 7.2 =$　　　　④ $0.8 : 4 =$

⑤ $0.24 : 0.16 =$

4　次の比を簡単にしましょう。

① $\dfrac{1}{3} : \dfrac{1}{4} = \dfrac{4}{12} : \dfrac{3}{12}$　　② $\dfrac{5}{6} : \dfrac{2}{9} =$
$\phantom{\dfrac{1}{3} : \dfrac{1}{4}} = 4 : 3$

③ $\dfrac{12}{5} : 6 = 12 : 30$　　④ $\dfrac{2}{3} : \dfrac{4}{5} =$
$\phantom{\dfrac{12}{5} : 6} = 2 : 5$

14 等しい比

1 等しい比をつくりましょう。

① 4 : 6 = 2 : ☐   ② 9 : 6 = 3 : ☐

③ 8 : 12 = 2 : ☐   ④ 5 : 15 = 1 : ☐

⑤ 10 : 5 = ☐ : 1   ⑥ 21 : 28 = ☐ : 4

⑦ 20 : 8 = ☐ : 2   ⑧ 56 : 16 = ☐ : 2

2 次の比を簡単にしましょう。

① 6 : 8 =   ② 20 : 60 =

③ 24 : 60 =   ④ 6 : 18 =

⑤ 36 : 24 =   ⑥ 60 : 45 =

⑦ 28 : 49 =   ⑧ 40 : 10 =

⑨ 24 : 56 =   ⑩ 14 : 49 =

3 次の比を簡単にしましょう。

① $0.2 : 0.6 =$

② $1.2 : 6 =$

③ $0.9 : 7.2 =$

④ $0.8 : 4 =$

⑤ $0.24 : 0.16 =$

4 次の比を簡単にしましょう。

① $\dfrac{1}{3} : \dfrac{1}{4} =$

② $\dfrac{5}{6} : \dfrac{2}{9} =$

③ $\dfrac{12}{5} : 6 =$

④ $\dfrac{2}{3} : \dfrac{4}{5} =$

14 等しい比

1 等しい比をつくりましょう。

① $18 : 12 = 3 : \boxed{}$　　② $12 : 32 = 3 : \boxed{}$

③ $6 : 16 = 3 : \boxed{}$　　④ $27 : 18 = 3 : \boxed{}$

⑤ $20 : 25 = \boxed{} : 5$　　⑥ $16 : 4 = \boxed{} : 1$

⑦ $49 : 14 = \boxed{} : 2$　　⑧ $63 : 18 = \boxed{} : 2$

2 次の比を簡単にしましょう。

① $8 : 24 =$　　② $4 : 20 =$

③ $28 : 7 =$　　④ $3 : 27 =$

⑤ $32 : 4 =$　　⑥ $21 : 6 =$

⑦ $9 : 6 =$　　⑧ $18 : 24 =$

⑨ $60 : 24 =$　　⑩ $35 : 14 =$

3　次の比を簡単にしましょう。

① $2.5 : 4.5 =$　　② $1.8 : 7.2 =$

③ $5.6 : 4.2 =$　　④ $6 : 1.5 =$

⑤ $0.35 : 0.63 =$

4　次の比を簡単にしましょう。

① $\dfrac{5}{12} : \dfrac{3}{8} =$　　② $\dfrac{5}{6} : \dfrac{7}{9} =$

③ $\dfrac{5}{16} : \dfrac{5}{12} =$　　④ $1 : \dfrac{7}{18} =$

15 比を利用した問題 (1)

1 ケーキをつくるのに砂糖と小麦粉を重さの比が4：7となる
ように混ぜます。
　　小麦粉を140g使うとき、砂糖は何g必要ですか。

式　　$4 : 7 = \square : 140$　　　　　（×20）

　　　　　$\square = 4 \times 20$

　　　　　　　$= 80$

答え　　80g

2 縦と横の長さが5：9の長方形の旗をつくります。縦の長さ
を75cmにするとき、横の長さは何cmになりますか。

式　　$5 : 9 = 75 : \square$　　　　（×15）

　　　　　$\square = 9 \times 15$

　　　　　　$= 135$

答え　135cm

3 赤いリボンと青いリボンの長さの比は、7：4です。赤いリ
ボンが84mのとき、青いリボンは何mですか。

式

答え

4　5年生の、男子と女子の人数の比は4：5です。女子は90人います。男子は何人ですか。

式

答え _____

5　ミルクティーをつくるのに、紅茶（こうちゃ）と 牛 乳（ぎゅうにゅう）の量の比が5：3となるように混ぜます。
　　牛乳を75mL使うとき、紅茶は何mL必要ですか。

式

答え _____

6　妹と 私（わたし）の身長の比は3：4です。妹の身長は117cmです。私の身長は何cmですか。

式

答え _____

15 比を利用した問題 (1)

1 ケーキをつくるのに砂糖と小麦粉を重さの比が4：7となる
ように混ぜます。

小麦粉を140g使うとき、砂糖は何g必要ですか。

式

答え _____

2 縦と横の長さが5：9の長方形の旗をつくります。縦の長さ
を75cmにするとき、横の長さは何cmになりますか。

式

答え _____

3 赤いリボンと青いリボンの長さの比は、7：4です。赤いリ
ボンが84mのとき、青いリボンは何mですか。

式

答え _____

4　5年生の、男子と女子の人数の比は4：5です。女子は90人います。男子は何人ですか。

式

答え

5　ミルクティーをつくるのに、紅茶と 牛 乳 の量の比が5：3となるように混ぜます。
　　牛乳を75mL使うとき、紅茶は何mL必要ですか。

式

答え

6　妹と 私 の身長の比は3：4です。妹の身長は117cmです。私の身長は何cmですか。

式

答え

① ドレッシングをつくるのに、すとサラダ油の量の比が2：3 となるように混ぜます。

すを40mL使うとき、サラダ油は何mL必要ですか。

式

答え _____

② 南小学校の1年生と2年生の人数の比は5：4です。1年生は240人です。2年生は何人ですか。

式

答え _____

③ 縦と横の長さの比が8：3の花だんがあります。横の長さは4.8mです。縦の長さは何mですか。

式

答え _____

4　弟と兄の所持金の比は1：5です。弟は今420円持っています。兄の所持金はいくらですか。

式

答え _____

5　お茶とジュースの量の比が3：10です。お茶は1.2Lあります。ジュースは何Lありますか。

式

答え _____

6　赤いリボンと白いリボンの長さの比は1：4です。白いリボンが2.8mのとき、赤いリボンの長さは何mですか。

式

答え _____

16 比を利用した問題 (2)

1 　カフェオレを1200mLつくろうと思います。牛乳とコーヒーを3：5の割合(わりあい)で混ぜるとき、牛乳(ぎゅうにゅう)は何mL必要ですか。

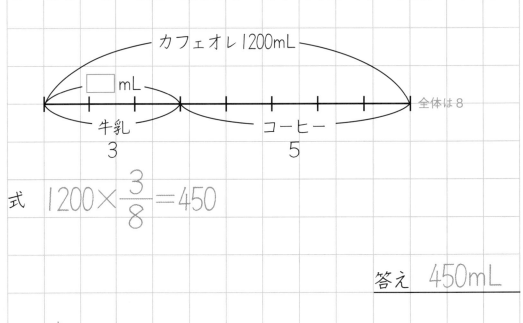

式　$1200 \times \dfrac{3}{8} = 450$

答え　450mL

2 　250枚(まい)の色紙を、みきさんとゆうたさんで、それぞれ3：2になるように分けます。
　2人の色紙の枚数は、それぞれ何枚ですか。

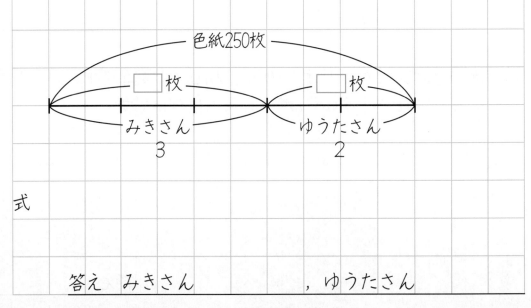

式

答え　みきさん　　　　　　　，ゆうたさん

96

③　64m²の畑になすとトマトを1：3の割合で植えました。それぞれ植えた面積は何m²ですか。

式

答え　なす　　　　　　　　　, トマト

④　ゆみさんが500円、ひろきさんが300円出し合って、えんぴつを16本買いました。

①　ゆみさんとひろきさんの出したお金の割合を、簡単な比で表しましょう。

答え

②　出したお金の割合でえんぴつを分けると、ゆみさんは何本もらえますか。

式

答え

16 比を利用した問題 (2)

1　カフェオレを1200mLつくろうと思います。牛乳とコーヒーを3：5の割合(わりあい)で混ぜるとき、牛乳(ぎゅうにゅう)は何mL必要ですか。

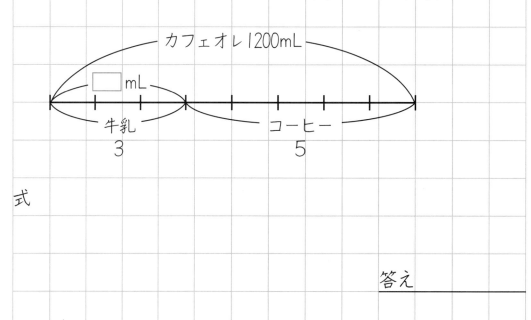

式

答え _____

2　250枚(まい)の色紙を、みきさんとゆうたさんで、それぞれ3：2になるように分けます。

2人の色紙の枚数は、それぞれ何枚ですか。

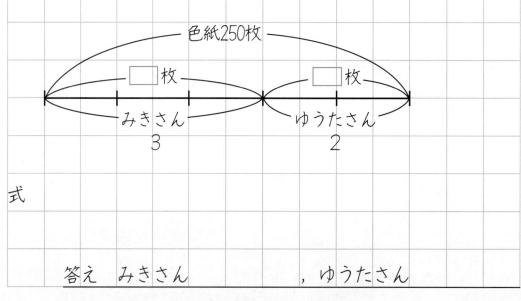

式

答え みきさん _____ , ゆうたさん _____

③　64m²の畑になすとトマトを1：3の割合で植えました。それぞれ植えた面積は何m²ですか。

式

答え　なす　　　　　　　, トマト

④　ゆみさんが500円、ひろきさんが300円出し合って、えんぴつを16本買いました。

①　ゆみさんとひろきさんの出したお金の割合を、簡単な比で表しましょう。

答え

②　出したお金の割合でえんぴつを分けると、ゆみさんは何本もらえますか。

式

答え

① 8000円を兄と私（わたし）で、それぞれ3：2になるように分けます。私の分は、いくらになりますか。

式

答え＿＿＿＿＿＿

② 長さ28mのロープを、しんじさんとかおりさんで2：5になるように分けました。
2人のロープの長さは、それぞれ何mですか。

式

答え　しんじさん＿＿＿＿＿，かおりさん＿＿＿＿＿

③ 6年B組の人数は39人で、男子と女子の人数の比は7：6です。男子の人数は何人ですか。

式

答え＿＿＿＿＿＿

4　1日は24時間です。ある日の昼と夜の長さの比が7：5でした。昼の長さは、何時間でしたか。

式

答え _____

5　私が360円、兄が480円出し合って、リボンを1.4m買いました。

① 私と兄の出したお金の割合を、簡単な比で表しましょう。

答え _____

② 出したお金の割合でリボンを分けると、それぞれ何mのリボンをもらえますか。

式

答え　私 _____ ，兄 _____

⑥ 割合・比
答　え

> 答えの数直線の□には、わかりやすいように数字を入れています。ここは、答えていなくてもかまいません。

【P.6〜7，8〜9】

1　割合を求める (1)

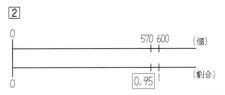

1

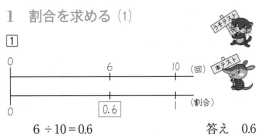

$6 \div 10 = 0.6$　　　　　　　　答え　0.6

2

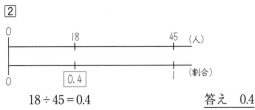

$18 \div 45 = 0.4$　　　　　　　　答え　0.4

3

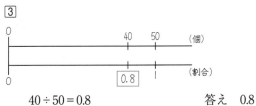

$40 \div 50 = 0.8$　　　　　　　　答え　0.8

4

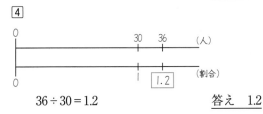

$36 \div 30 = 1.2$　　　　　　　　答え　1.2

【P.10〜11】

1　割合を求める (1)

1

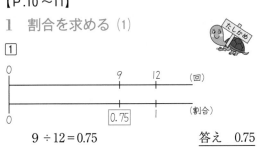

$9 \div 12 = 0.75$　　　　　　　答え　0.75

2

$570 \div 600 = 0.95$　　　　　　　答え　0.95

3　$84 \div 70 = 1.2$　　　　　　　答え　1.2

4　$12 \div 80 = 0.15$　　　　　　　答え　0.15

5　$2400 \div 3000 = 0.8$　　　　　　答え　0.8

【P.12〜13，14〜15】

2　百分率と歩合

1　① 7 %　　　② 50%
　　③ 24%　　　④ 31%
　　⑤ 146%　　⑥ 218%
　　⑦ 53.9%　　⑧ 60.5%

2　① 0.08　　　② 0.3
　　③ 0.65　　　④ 0.12
　　⑤ 1.2　　　⑥ 3
　　⑦ 0.326　　⑧ 0.009

3　① 3割　　　　② 8分
　　③ 1割7分　　④ 5割3分
　　⑤ 4割9分2厘　⑥ 1割7厘
　　⑦ 8分6厘　　⑧ 10割

4　① 0.5　　　② 0.04
　　③ 0.82　　　④ 0.37
　　⑤ 0.412　　⑥ 0.209
　　⑦ 0.063　　⑧ 1

> **おうちの方へ**　割合をあらわすときに百分率（%）はよく目にしますが、歩合はあまり見かけません。
> 　割合の文章題では、問題文に%や歩合で表記してある割合を小数になおして計算します。百分率から小数、歩合から小数への換算が不安なくできるようにしておきましょう。

答
え

【P.16〜17】

2 百分率と歩合

1　① 3％　　② 20％
　　③ 96％　　④ 81％
　　⑤ 150％　　⑥ 345％
　　⑦ 41.3％　　⑧ 8.1％

2　① 0.04　　② 0.8
　　③ 0.48　　④ 0.62
　　⑤ 7.2　　⑥ 1.45
　　⑦ 0.714　　⑧ 0.035

3　① 6割　　　② 4分
　　③ 2割5分　　④ 3割9分
　　⑤ 7割1分3厘　　⑥ 1割4厘
　　⑦ 1分4厘　　⑧ 10割

4　① 0.8　　② 0.02
　　③ 0.56　　④ 0.21
　　⑤ 0.146　　⑥ 0.307
　　⑦ 0.095　　⑧ 1

【P.18〜19, 20〜21】

3 割合を求める ⑵

1
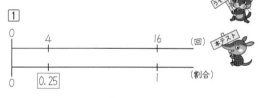

$4 \div 16 = 0.25$

$0.25 = 25\%$　　　　答え　25％

2
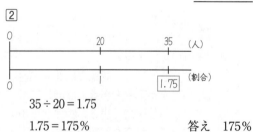

$35 \div 20 = 1.75$

$1.75 = 175\%$　　　　答え　175％

3
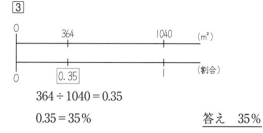

$364 \div 1040 = 0.35$

$0.35 = 35\%$　　　　答え　35％

4

$2700 \div 3000 = 0.9$

$0.9 = 90\%$　　　　答え　90％

おうちの方へ　（比べられる量）÷（もとにする量）＝（割合）が基本になります。
　問題文と数直線をよく見比べて、どの値がもとにする量にあたるのか見分けられるようになりましょう。

【P.22〜23】

3 割合を求める ⑵

1

$135 \div 450 = 0.3$

$0.3 = 30\%$　　　　答え　30％

2

$270 \div 750 = 0.36$

$0.36 = 36\%$　　　　答え　36％

3　$512 \div 1600 = 0.32$

　　$0.32 = 32\%$　　　　答え　32％

4　$12 \div 80 = 0.15$

　　$0.15 = 15\%$　　　　答え　15％

5　$620 \div 800 = 0.775$

　　$0.775 = 77.5\%$　　　答え　77.5％

4 比べられる量を求める（1）

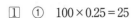

1 ① $100 \times 0.25 = 25$ 答え 25

② $40 \times 0.3 = 12$ 答え 12

③ $200 \times 0.08 = 16$ 答え 16

④ $60 \times 1.2 = 72$ 答え 72

⑤ $2500 \times 0.7 = 1750$ 答え 1750

2 ① $210 \times 0.8 = 168$ 答え 168

② $18000 \times 0.03 = 540$ 答え 540

③ $50 \times 1.5 = 75$ 答え 75

④ $6200 \times 0.8 = 4960$ 答え 4960

⑤ $350 \times 0.18 = 63$ 答え 63

4 比べられる量を求める（1）

1 ① $100 \times 0.45 = 45$ 答え 45

② $7000 \times 0.15 = 1050$ 答え 1050

③ $280 \times 0.08 = 22.4$ 答え 22.4

④ $35 \times 1.6 = 56$ 答え 56

⑤ $4500 \times 0.2 = 900$ 答え 900

2 ① $2800 \times 0.75 = 2100$ 答え 2100

② $620 \times 0.02 = 12.4$ 答え 12.4

③ $70 \times 2.2 = 154$ 答え 154

④ $6400 \times 0.3 = 1920$ 答え 1920

⑤ $800 \times 0.42 = 336$ 答え 336

5 比べられる量を求める（2）

1

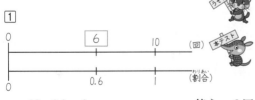

$10 \times 0.6 = 6$ 答え 6回

2

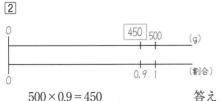

$500 \times 0.9 = 450$ 答え 450g

3

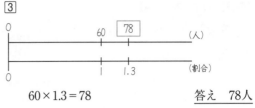

$60 \times 1.3 = 78$ 答え 78人

4

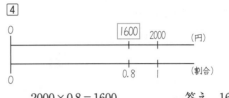

$2000 \times 0.8 = 1600$ 答え 1600円

> **おうちの方へ** はじめは数直線をかいて、割合をイメージしながら解くとよいでしょう。60%は、もとにする量の0.6倍とよみかえられます。

5 比べられる量を求める（2）

1

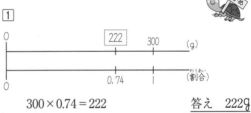

$300 \times 0.74 = 222$ 答え 222g

2

$840 \times 0.55 = 462$ 答え 462人

3 $240 \times 0.28 = 67.2$ 答え 67.2ha

4 $1400 \times 0.35 = 490$ 答え 490さつ

5 $15 \times 1.8 = 27$ 答え 27人

> **おうちの方へ** 「もとの50%」→半分の値になる。
> 「もとの120%」→もとより大きな値になる。
> というように、割合の表現から、おおよその答えをイメージさせることが大切です。

6 もとにする量を求める (1)

1 ① $\square \times 0.25 = 25$

$\square = 25 \div 0.25$

$= 100$ 　　　　答え　100

② $\square \times 0.08 = 300$

$\square = 300 \div 0.08$

$= 3750$ 　　　　答え　3750

③ $\square \times 1.6 = 80$

$\square = 80 \div 1.6$

$= 50$ 　　　　答え　50

④ $\square \times 0.7 = 2800$

$\square = 2800 \div 0.7$

$= 4000$ 　　　　答え　4000

2 ① $\square \times 0.55 = 660$

$\square = 660 \div 0.55$

$= 1200$ 　　　　答え　1200

② $\square \times 0.02 = 35$

$\square = 35 \div 0.02$

$= 1750$ 　　　　答え　1750

③ $\square \times 2.4 = 8.4$

$\square = 8.4 \div 2.4$

$= 3.5$ 　　　　答え　3.5

④ $\square \times 0.25 = 600$

$\square = 600 \div 0.25$

$= 2400$ 　　　　答え　2400

6 もとにする量を求める (1)

1 ① $\square \times 0.45 = 45$

$\square = 45 \div 0.45$

$= 100$ 　　　　答え　100

② $\square \times 2.8 = 70$

$\square = 70 \div 2.8$

$= 25$ 　　　　答え　25

③ $\square \times 0.085 = 5.1$

$\square = 5.1 \div 0.085$

$= 60$ 　　　　答え　60

④ $\square \times 0.8 = 4200$

$\square = 4200 \div 0.8$

$= 5250$ 　　　　答え　5250

2 ① $\square \times 0.08 = 20$

$\square = 20 \div 0.08$

$= 250$ 　　　　答え　250

② $\square \times 0.25 = 24.8$

$\square = 24.8 \div 0.25$

$= 99.2$ 　　　　答え　99.2

③ $\square \times 0.3 = 1050$

$\square = 1050 \div 0.3$

$= 3500$ 　　　　答え　3500

④ $\square \times 0.15 = 93$

$\square = 93 \div 0.15$

$= 620$ 　　　　答え　620

7 もとにする量を求める (2)

1

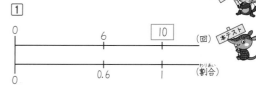

$\square \times 0.6 = 6$

$\square = 6 \div 0.6$

$= 10$ 　　　　答え　10回

2

$\square \times 1.5 = 45$

$\square = 45 \div 1.5$

$= 30$ 　　　　答え　30人

3

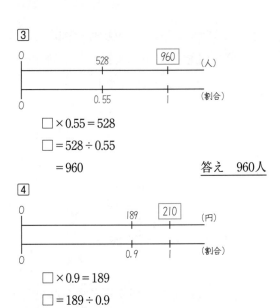

$\square \times 0.55 = 528$

$\square = 528 \div 0.55$

$= 960$ 　　　　答え　960人

4

$\square \times 0.9 = 189$

$\square = 189 \div 0.9$

$= 210$ 　　　　答え　210円

【P.46～47】

7　もとにする量を求める (2)

1

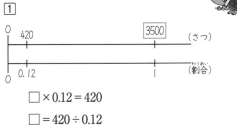

$\square \times 0.12 = 420$

$\square = 420 \div 0.12$

$= 3500$ 　　　　答え　3500さつ

2

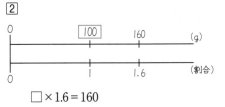

$\square \times 1.6 = 160$

$\square = 160 \div 1.6$

$= 100$ 　　　　答え　100g

3　$\square \times 0.35 = 140$

$\square = 140 \div 0.35$

$= 400$ 　　　　答え　400m²

4　$\square \times 0.8 = 560$

$\square = 560 \div 0.8$

$= 700$ 　　　　答え　700円

5　$\square \times 0.17 = 51$

$\square = 51 \div 0.17$

$= 300$ 　　　　答え　300ぴき

おうちの方へ　もとにする量は、わり
算で求められます。慣れるまでは□を
使ってかけ算の式を立ててから、わり算
の式になおすとよいでしょう。

【P.48～49, 50～51】

8　和をふくんだ問題

1　もとにする量 600 円を 100 ％と
すると、売り値は 20 ％加わるの
で、売り値は 600 円の 120 ％です。

$600 \times (1 + 0.2) = 600 \times 1.2$

　　　　　　　　　$= 720$

答え　720円

2

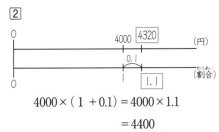

$4000 \times (1 + 0.1) = 4000 \times 1.1$

　　　　　　　　　$= 4400$

答え　4400円

3　もとにする量 45 人を 100 ％とすると、今
年の希望者は 40 ％多いので、今年の希望
者は 45 人の 140 ％です。

$45 \times (1 + 0.4) = 45 \times 1.4$

　　　　　　　　$= 63$ 　　答え　63人

4

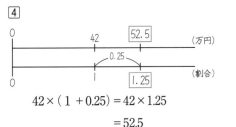

$42 \times (1 + 0.25) = 42 \times 1.25$

　　　　　　　　$= 52.5$

答え　52.5万円

（525000円でもかまいません。）

【P.52〜53】

8　和をふくんだ問題

1

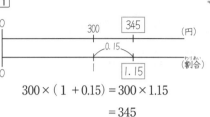

$$300 \times (1 + 0.15) = 300 \times 1.15$$
$$= 345$$

答え　345円

2

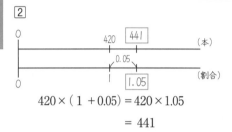

$$420 \times (1 + 0.05) = 420 \times 1.05$$
$$= 441$$

答え　441本

3　$320 \times (1 + 0.25) = 320 \times 1.25$
　　　　　　　　　　$= 400$　　答え　400さつ

4　$28000 \times (1 + 0.1) = 28000 \times 1.1$
　　　　　　　　　　$= 30800$　答え　30800円

5　$15 \times (1 + 0.8) = 15 \times 1.8$
　　　　　　　　　　$= 27$　　　答え　27人

【P.54〜55, 56〜57】

9　差をふくんだ問題

1 もとにする量 350 円を 100 ％と
すると、代金は 30 ％引かれる
ので、代金は 350 円の 70 ％です。

$$350 \times (1 - 0.3) = 350 \times 0.7$$
$$= 245$$　　答え　245円

2

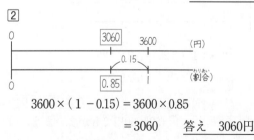

$$3600 \times (1 - 0.15) = 3600 \times 0.85$$
$$= 3060$$　答え　3060円

3 もとにする量 55 人を 100 ％とすると、
今年の希望者は 20 ％減ったので、今年の
希望者は 55 人の 80 ％です。

$$55 \times (1 - 0.2) = 55 \times 0.8$$
$$= 44$$　　　　　　答え　44人

4

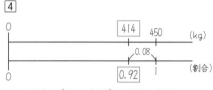

$$450 \times (1 - 0.08) = 450 \times 0.92$$
$$= 414$$　　答え　414kg

おうちの方へ　割引の問題は、身の回
りでよく目にします。スーパーなどで
30％引き、2割引きなどの表示を見かけ
たときに、いくらになるかや、いくら安
くなるかをいっしょに考えてみましょ
う。

【P.58〜59】

9　差をふくんだ問題

1

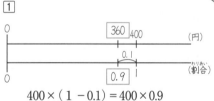

$$400 \times (1 - 0.1) = 400 \times 0.9$$
$$= 360$$　　　　答え　360円

2

$$42 \times (1 - 0.05) = 42 \times 0.95$$
$$= 39.9$$　　答え　39.9kg

3　$144 \times (1 - 0.25) = 144 \times 0.75$
　　　　　　　　　　$= 108$　　　答え　108円

4　$1200 \times (1 - 0.15) = 1200 \times 0.85$
　　　　　　　　　　$= 1020$　答え　1020mL

5　$7.2 \times (1 - 0.55) = 7.2 \times 0.45$
　　　　　　　　　　$= 3.24$　　答え　3.24t

【P.60 〜61, 62 〜63】

10　割合のいろいろな問題

1　$240 × 0.45 = 108$　　答え　108人

2　$3500 × (1 + 0.1) = 3500 × 1.1$
　　　　　　　　　　　$= 3850$

　　　　　　　　　　　　答え　3850円

3　$28 ÷ 70 = 0.4$
　$0.4 = 40\%$　　　　　答え　40%

4　$2400 × (1 - 0.25) = 2400 × 0.75$
　　　　　　　　　　　$= 1800$　　答え　1800円

5　$□ × 0.9 = 81$
　$□ = 81 ÷ 0.9$
　　$= 90$　　　　　　答え　90円

6　$550 ÷ 2500 = 0.22$
　$0.22 = 22\%$　　　　答え　22%

【P.64 〜65】

10　割合のいろいろな問題

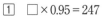

1　$□ × 0.95 = 247$
　$□ = 247 ÷ 0.95$
　　$= 260$　　　　　　答え　260個

2　$105 ÷ 250 = 0.42$
　$0.42 = 42\%$　　　　答え　42%

3　$280 × (1 - 0.15) = 280 × 0.85$
　　　　　　　　　　　$= 238$　　答え　238kg

4　$1200 × 0.35 = 420$　　答え　420人

5　$32 × (1 + 0.15) = 32 × 1.15$
　　　　　　　　　　　$= 36.8$　　答え　36.8kg

6　$□ × 0.44 = 396$
　$□ = 396 ÷ 0.44$
　　$= 900$　　　　　　答え　900人

【P.66 〜67, 68 〜69】

11　帯グラフの読み方・かき方

1　①　小学校　　37%
　　　幼稚園　　21%
　　　中学校　　19%
　　　高等学校　9%

②　小学校

③　$37 + 19 = 56$　　　　答え　56%

④　中学校　　19%→約20%
　　高等学校　9%→約10%
　　$20 ÷ 10 = 2$　　　　答え　約2倍

2　①　体育　　$64 ÷ 200 × 100 = 32$
　　　　　　　　　　答え　32%

　　図工　　$44 ÷ 200 × 100 = 22$
　　　　　　　　　　答え　22%

　　算数　　$36 ÷ 200 × 100 = 18$
　　　　　　　　　　答え　18%

　　理科　　$19 ÷ 200 × 100 = 9.5→10\%$
　　　　　　　　　　答え　10%

　　その他　$37 ÷ 200 × 100 = 18.5→19\%$
　　　　　　　　　　答え　19%

②

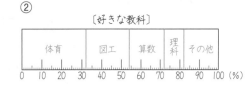

〔好きな教科〕

| 体育 | 図工 | 算数 | 理科 | その他 |

0　10　20　30　40　50　60　70　80　90　100（%）

【P.70 〜71】

11　帯グラフの読み方・かき方

1　①　ア　$135 ÷ 300 × 100 = 45$
　　　イ　$300 × 0.26 = 78$
　　　ウ　$300 - (135 + 78 + 55 + 12) = 20$
　　　エ　$20 ÷ 300 × 100 = 6.6 … → 7$
　　　オ　$12 ÷ 300 × 100 = 4$

　　　オは次のように求めることもできます。
　　　　$100 - (45 + 26 + 18 + 7) = 4$

②

〔図書館で貸し出した本の種類別の割合（4月）〕

| 物語 | 図かん | 科学 | 伝記 | その他 |

0　10　20　30　40　50　60　70　80　90　100（%）

2　①　A小学校　22%　　　B小学校　36%

②　A　$500 × 0.22 = 110$
　　B　$300 × 0.22 = 66$

　答え　A小学校　110人、B小学校　66人

③　$36 ÷ 18 = 2$　　　　答え　2倍

12 円グラフの読み方・かき方

1 ① カレーライス　26%

　　ハンバーグ　　23%

　　オムライス　　21%

　　ラーメン　　　15%

　　えびフライ　　7%

② $26 + 23 + 21 = 70$　　　　答え　70%

③ $26 + 23 = 49 → 約50$　　　答え　約$\frac{1}{2}$

④ $21 ÷ 7 = 3$　　　　　　　答え　3倍

2 ① すりきず　$20 ÷ 60 × 100 = 33.3 → 33$

　　　　　　　　　　　　　答え　33%

　　打ぼく　　$15 ÷ 60 × 100 = 25$

　　　　　　　　　　　　　答え　25%

　　切りきず　$10 ÷ 60 × 100 = 16.6…$

　　　　　　　　　　　　　答え　17%

　　ねんざ　　$6 ÷ 60 × 100 = 10$

　　　　　　　　　　　　　答え　10%

　　その他　　$9 ÷ 60 × 100 = 15$

　　　　　　　　　　　　　答え　15%

② 〔けがの種類別の割合〕

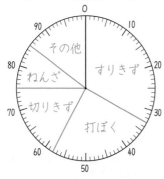

おうちの方へ　割合を表す「円グラフ」や「帯グラフ」は、日ごろからよく目にするグラフの1つですね。
　アンケートの集計結果を発表するときなどに、積極的に用いることができるようにしましょう。

12 円グラフの読み方・かき方

1 ① ア　$300 × 0.33 = 99$

　　イ　$54 ÷ 300 × 100 = 18$

　　ウ　$300 - (99 + 54 + 35 + 27 + 40) = 45$

　　エ　$45 ÷ 300 × 100 = 15$

　　オ　$27 ÷ 300 × 100 = 9$

　　カ　$40 ÷ 300 × 100 = 13.3… → 13$

② 〔好きなスポーツ〕

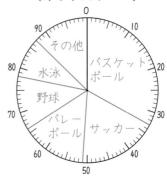

2 ① 放送　32%

　　体育　21%

　　給食　16%

　　美化　11%

　　図書　5%

② 21% → 約20%

　　$100 ÷ 20 = \frac{1}{5}$　　　　答え　約$\frac{1}{5}$

③ 32% → 約30%、11% → 約10%

　　$30 ÷ 10 = 3$　　　　　答え　約3倍

④ $300 × 0.16 = 48$　　　答え　48人

13 比の表し方と比の値

1 　2：3

2 　9：11

3 　9：19

4 ① $1 ÷ 2 = \frac{1}{2}$　　② $2 ÷ 3 = \frac{2}{3}$

③ $6 ÷ 8 = \frac{6}{8} = \frac{3}{4}$　　④ $8 ÷ 2 = 4$

⑤ $12 ÷ 8 = \frac{12}{8} = \frac{3}{2}$

⑤ ① ⑦   ② ⑦   ③ ⑦

【P.82～83】

13　比の表し方と比の値

① 3：1

② 13：5

③ 3.2：1.9

④ ① $6 ÷ 7 = \dfrac{6}{7}$　　② $9 ÷ 12 = \dfrac{3}{4}$

　 ③ $20 ÷ 15 = \dfrac{4}{3}$　　④ $16 ÷ 4 = 4$

　 ⑤ $36 ÷ 10 = \dfrac{18}{5}$

⑤ ① ⑦   ② ⑦   ③ ⑦

【P.84～85, 86～87】

14　等しい比

① ① 3　　　② 2
　 ③ 3　　　④ 3
　 ⑤ 2　　　⑥ 3
　 ⑦ 5　　　⑧ 7

② ① 3：4　　② 1：3
　 ③ 2：5　　④ 1：3
　 ⑤ 3：2　　⑥ 4：3
　 ⑦ 4：7　　⑧ 4：1
　 ⑨ 3：7　　⑩ 2：7

③ ① 1：3　　② 1：5
　 ③ 1：8　　④ 1：5
　 ⑤ 3：2

④ ① 4：3　　② 15：4
　 ③ 2：5　　④ 5：6

おうちの方へ
　2つの比が等しいとき、外側同士かけた値（2 × 6 ＝12）と、内側同士かけた値（3 × 4 ＝12）は等しくなります。この性質も比を簡単にするときに用いることができます。

$2 × 6 = 12$
$2：3 = 4：6$
$3 × 4 = 12$

【P.88～89】

14　等しい比

① ① 2　　　　② 8
　 ③ 8　　　　④ 2
　 ⑤ 4　　　　⑥ 4
　 ⑦ 7　　　　⑧ 7

② ① 1：3　　② 1：5
　 ③ 4：1　　④ 1：9
　 ⑤ 8：1　　⑥ 7：2
　 ⑦ 3：2　　⑧ 3：4
　 ⑨ 5：2　　⑩ 5：2

③ ① 5：9　　② 1：4
　 ③ 4：3　　④ 4：1
　 ⑤ 5：9

④ ① 10：9　　② 15：14
　 ③ 3：4　　　④ 18：7

【P.90～91, 92～93】

15　比を利用した問題 ⑴

① 4：7 ＝□：140
　□ ＝ 4 ×20
　　 ＝80　　　　　　　　答え　80g

② 5：9 ＝75：□
　□ ＝ 9 ×15
　　 ＝135　　　　　　　答え　135cm

③ 7：4 ＝84：□
　□ ＝ 4 ×12
　　 ＝48　　　　　　　　答え　48m

④ 4：5 ＝□：90
　□ ＝ 4 ×18
　　 ＝72　　　　　　　　答え　72人

⑤ 5：3 ＝□：75
　□ ＝ 5 ×25
　　 ＝125　　　　　　　答え　125mL

⑥ 3：4 ＝117：□
　□ ＝ 4 ×39
　　 ＝156　　　　　　　答え　156cm

答え

【P.94～95】

15 比を利用した問題 (1)

1. $2:3 = 40:□$

   $□ = 3 \times 20$

   $= 60$　　　　　　　　答え　60mL

2. $5:4 = 240:□$

   $□ = 4 \times 48$

   $= 192$　　　　　　　　答え　192人

3. $8:3 = □:4.8$

   $□ = 8 \times 1.6$

   $= 12.8$　　　　　　　答え　12.8m

4. $1:5 = 420:□$

   $□ = 5 \times 420$

   $= 2100$　　　　　　　答え　2100円

5. $3:10 = 1.2:□$

   $□ = 10 \times 0.4$

   $= 4$　　　　　　　　　答え　4L

6. $1:4 = □:2.8$

   $□ = 1 \times 0.7$

   $= 0.7$　　　　　　　　答え　0.7m

【P.96～97，98～99】

16 比を利用した問題 (2)

1. $1200 \times \dfrac{3}{8} = 450$　　答え　450mL

2. みきさん　　$250 \times \dfrac{3}{5} = 150$

   ゆうたさん　$250 - 150 = 100$

   　　答え　みきさん150枚，ゆうたさん100枚

3. なす　　$64 \times \dfrac{1}{4} = 16$

   トマト　$64 - 16 = 48$

   　　　　　答え　なす16m²，トマト48m²

4. ① $5:3$

   ② $16 \times \dfrac{5}{8} = 10$　　　答え　10本

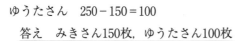

おうちの方へ　全体量を比例配分するときには、図をかくとイメージしやすくなります。

【P.100～101】

16 比を利用した問題 (2)

1. $8000 \times \dfrac{2}{5} = 3200$

   　　　　　　　　答え　3200円

2. しんじさん　$28 \times \dfrac{2}{7} = 8$

   かおりさん　$28 - 8 = 20$

   　　答え　しんじさん8m，かおりさん20m

3. $39 \times \dfrac{7}{13} = 21$　　　答え　21人

4. $24 \times \dfrac{7}{12} = 14$　　　答え　14時間

5. ① $3:4$

   ② 私　$1.4 \times \dfrac{3}{7} = 0.6$

   　兄　$1.4 - 0.6 = 0.8$

   　　　答え　私0.6m，兄0.8m

答え